精彩广播剧
请扫二维码

万物有话说

给孩子的人文科学启蒙书

火先生 ⑤ 的趣事

黄 胜 ◎ 文

海南出版社
·海口·

新的一期《万物有话说》即将开播。这一期
来到直播间的嘉宾，是活泼而神秘的**火先生**。

火先生，火先生，
我们能坐下来说话吗？

火先生的到来引发了一点儿骚乱，不过直播间很快就恢复了平静。问号先生和叹号小姐也没有强求火先生坐在嘉宾席上。

接下来，我就讲一讲关于我的一些有趣的故事吧！

火先生是个急性子，他跟问号先生和叹号小姐说了几句话后，就马上进入了**正题**。

很久很久以前，人们对我充满了惊奇和恐惧。因为，他们实在想不明白，我为什么会突然出现。

更让他们感到恐惧的是，我很有可能会迅速地蔓延，像一个恶魔般吞噬掉一切。

直到有一次，我吞噬了一座大森林。几个胆子比较大，
而且有着强烈好奇心的原始人，来到被我毁掉的森林，
其中一个人被一阵奇特的香味吸引，做了一件事后，
人们对我才有了新的认识。

从那以后，人们开始吃用**火烤**或者用**火煮**的食物。**吃熟食**更容易消化，人们不再像以前**生吃食物**时那样容易生病了，而且身体变得更**强壮**，寿命也延长了。

以前人们对我有着种种**猜想**，认为我是被一个他们
看不到的且神通广大的**神灵**操纵着。

那个神灵就是**火神祝融**！

因为我不仅给人们带来光明和温暖，也会带来灾难。所以人们对我又敬又畏，一方面觉得我是神灵赐予他们的礼物；一方面又觉得是神灵在发怒，灾难就是对他们的一种惩罚和警告。

哦，对了，差一点儿忘了说。最初，人们是从自然界中把**天然出现**的我带回去的，并且想尽办法让我不要消失。可是，我还是会因为种种原因**消失不见**。

这样多不方便啊！

于是，一些**爱动脑筋**的人便想，怎么才能**自由地操控**我，不用像**碰运气**那样等我自动现身。有一天，有一个人在森林中**偶然**看到一件事。

那个人似乎想到了什么，连忙高兴地跑回去，拿起一根树枝，在一块木头上不停地用力转动。不一会儿，木头上冒出阵阵青烟，接着我出现了。

这就是钻木取火的故事，那个原始人就是现在人们说的人类祖先燧人氏。

从此以后，人们才算是真正地学会了**掌控**我，并且拥有了更多可以让我来到这个世界的**方法**。

现代人滑动打火机。

现代人在划火柴，冒出火焰。

原始人拿着两块石头敲击，火星冒出。

古代人低头去吹火折子，火折子上冒出火焰。

古代人用火镰打火。

难道需要达到一定的温度，才能燃烧，才会有火焰吗？

虽然我帮助人们解决了不少问题，给人们的生活带来了很多**便利**。但是，人们依然**不了解我**。不过，他们还是发现了**我的性格和喜好**。

人们也知道了，我还会给他们带来灾难！

为什么我会给人们带来灾难呢？

32

其实，我**不是故意要伤害**他们的。而是因为，有时候人们在使用我时，**太粗心**了！

人们开始根据我的**性格和喜好**，想办法**防止我**带来的灾难。

现在，人们已经知道我是物体在**燃烧过程**中，产生的强烈的发光、发热的**氧化反应**。知道了，想让我出现需要同时满足三个条件：可燃烧物质、一定的温度和氧气。

氧气

关于火先生的故事还有很多。可惜由于时间关系，火先生只能**遗憾地**讲到这里，跟**问号先生**、**叹号小姐**以及小朋友们**挥手告别**了。

图书在版编目（CIP）数据

万物有话说 . 5，火先生的趣事 / 黄胜文 . —— 海口：
海南出版社，2024.1
ISBN 978-7-5730-1408-5

Ⅰ . ①万… Ⅱ . ①黄… Ⅲ . ①自然科学 – 青少年读物
Ⅳ . ① N49

中国国家版本馆 CIP 数据核字 (2023) 第 220236 号

万物有话说　5. 火先生的趣事

WANWU YOU HUA SHUO 5. HUO XIANSHENG DE QUSHI

作　　　者：黄　胜
出 品 人：王景霞
责任编辑：李　超
策划编辑：高婷婷
责任印制：杨　程
印刷装订：三河市中晟雅豪印务有限公司
读者服务：唐雪飞
出版发行：海南出版社
总社地址：海口市金盘开发区建设三横路 2 号
邮　　编：570216
北京地址：北京市朝阳区黄厂路 3 号院 7 号楼 101 室
电　　话：0898-66812392　010-87336670
邮　　箱：hnbook@263.net
经　　销：全国新华书店
版　　次：2024 年 1 月第 1 版
印　　次：2024 年 1 月第 1 次印刷
开　　本：889 mm×1 194 mm　1/16
印　　张：16.5
字　　数：206 千字
书　　号：ISBN 978-7-5730-1408-5
定　　价：168.00 元（全六册）